Ravindra Badgujar

Lente de Contacto Inteligente Google: Monitorização da Diabetes a partir de Lágrimas

Ravindra Badgujar

Lente de Contacto Inteligente Google: Monitorização da Diabetes a partir de Lágrimas

ScienciaScripts

Imprint

Any brand names and product names mentioned in this book are subject to trademark, brand or patent protection and are trademarks or registered trademarks of their respective holders. The use of brand names, product names, common names, trade names, product descriptions etc. even without a particular marking in this work is in no way to be construed to mean that such names may be regarded as unrestricted in respect of trademark and brand protection legislation and could thus be used by anyone.

Cover image: www.ingimage.com

This book is a translation from the original published under ISBN 978-613-9-58154-2.

Publisher:
Sciencia Scripts
is a trademark of
Dodo Books Indian Ocean Ltd. and OmniScriptum S.R.L publishing group

120 High Road, East Finchley, London, N2 9ED, United Kingdom
Str. Armeneasca 28/1, office 1, Chisinau MD-2012, Republic of Moldova, Europe
Printed at: see last page
ISBN: 978-620-5-60856-2

Copyright © Ravindra Badgujar
Copyright © 2023 Dodo Books Indian Ocean Ltd. and OmniScriptum S.R.L publishing group

Abstrato

Médicos e investigadores médicos têm pensado em formas de medir a glucose através do fluido no olho durante anos, mas têm tido dificuldade em descobrir a melhor forma de capturar e analisar essas lágrimas. Algumas empresas, como a Eye Sense, desenvolveram os seus próprios produtos para incorporar sensores no olho para medir esses níveis, enquanto outras empresas, como a Freedom Meditech, exploraram a medição dos níveis de glicose através do olho, utilizando a solução leve do Google, elevando-a para um nível totalmente novo, utilizando lágrimas para monitorização constante do nível de glicose.

Google a trabalhar desde há 18 meses, numa lente de contacto que poderia ajudar as pessoas com diabetes, fazendo-a verificar continuamente os seus níveis de glicose. A ideia foi originalmente financiada pela National Science Foundation e foi levada pela primeira vez à Microsoft. O produto foi criado por Brian Otis e Babak Parviz, faculdade de engenharia eléctrica da Universidade de Washington, antes de trabalhar no laboratório secreto do Google, Google[x]. O Google observou no seu anúncio oficial que os cientistas há muito que analisam a forma como certos fluidos corporais podem ajudar a localizar mais facilmente os níveis de glicose, mas como as lágrimas são difíceis de recolher e estudar, utilizá-los nunca foi realmente uma opção.

O projecto está actualmente a ser discutido com a FDA, embora ainda haja muito mais trabalho a fazer antes de o produto poder ser lançado para uso geral. Espera-se também que os parceiros utilizem esta investigação e tecnologia para desenvolver dispositivos médicos e visuais avançados para as gerações futuras.

ÍNDICE

Capítulo 1   3

Capítulo 2   12

Capítulo 3   28

Capítulo 4   30

Capítulo 5   34

Capítulo 1

INTRODUÇÃO

Os recentes avanços na electrónica, técnicas de micro-fabricação, materiais e tecnologias de detecção levaram ao desenvolvimento de lentes de contacto com capacidades de diagnóstico. Tais "sensores de lentes de contacto" poderiam satisfazer requisitos clínicos rigorosos e resultar num melhor prognóstico do paciente. A investigação destes dispositivos começou há mais de uma década, e foram desenvolvidos dispositivos protótipos para detectar e monitorizar doenças em tempo real. Até agora, estes dispositivos têm-se concentrado principalmente na monitorização dos níveis de glicose para a gestão da diabetes, e da pressão intra-ocular (PIO) para o diagnóstico do glaucoma, mas o seu potencial de diagnóstico é substancialmente maior. A perspectiva de um sensor de lentes de contacto que é alimentado externamente e permite a leitura sem fios utilizando um dispositivo auxiliar gerou um interesse significativo da Google, Novartis, e Microsoft

A diabetes é uma doença crónica que ocorre ou quando o pâncreas não produz insulina suficiente ou quando o corpo não pode utilizar eficazmente a insulina que produz. A insulina é uma hormona que regula o açúcar no sangue. A hiperglicemia, ou aumento do açúcar no sangue, é um efeito comum da diabetes não controlada e ao longo do tempo leva a danos graves em muitos dos sistemas do corpo, especialmente nos nervos e vasos sanguíneos.

Em 2014, 8,5% dos adultos com 18 ou mais anos de idade tinham diabetes. Em 2015, a diabetes foi a causa directa de 1,6 milhões de mortes e, em 2012, a glicemia elevada foi a causa de mais 2,2 milhões de mortes.

Diabetes tipo 1

A diabetes tipo 1 (anteriormente conhecida como insulino-dependente, juvenil ou de início de infância) caracteriza-se por uma produção deficiente de insulina e requer a administração diária de insulina. A causa da diabetes de tipo 1 não é conhecida e não é evitável com o conhecimento actual.

Os sintomas incluem excreção excessiva de urina (poliúria), sede (polidipsia), fome constante, perda de peso, alterações de visão, e fadiga. Estes sintomas podem ocorrer repentinamente.

Diabetes tipo 2

A diabetes tipo 2 (anteriormente chamada diabetes não dependente de insulina, ou adulta) resulta da utilização ineficaz da insulina pelo organismo. A diabetes tipo 2 abrange a maioria das pessoas com diabetes em todo o mundo, e resulta em grande parte do excesso de peso corporal e da inactividade física.

Os sintomas podem ser semelhantes aos da diabetes tipo 1, mas são frequentemente menos marcados. Como resultado, a doença pode ser diagnosticada vários anos após o seu início, uma vez que já tenham surgido complicações. Até há pouco tempo, este tipo de diabetes era visto apenas em adultos, mas agora também está a ocorrer cada vez com maior frequência em crianças.

Diabetes gestacional

A diabetes gestacional é hiperglicemia com valores de glucose no sangue acima do normal mas abaixo dos valores de diagnóstico da diabetes, ocorrendo durante a gravidez. As mulheres com diabetes gestacional correm um risco acrescido de complicações durante a gravidez e no parto. Elas e os seus filhos correm também um risco acrescido de diabetes de tipo 2 no futuro.

A diabetes gestacional é diagnosticada através de rastreio pré-natal, e não através de sintomas relatados.

Tolerância à glicose deficiente e glicemia em jejum deficiente

A tolerância à glicose (IGT) e a glicemia em jejum (IFG) prejudicadas são condições intermédias na transição entre a normalidade e a diabetes. As pessoas com IGT ou IFG estão em ulto risco de progredir para a diabetes tipo 2, embora isto não seja inevitável.

Consequências comuns da diabetes

> Com o tempo, a diabetes pode danificar o coração, vasos sanguíneos, olhos, rins, e nervos.

> Os adultos com diabetes têm um risco duas a três vezes maior de ataques cardíacos e acidentes vasculares cerebrais.

> Combinado com a redução do fluxo sanguíneo, a neuropatia (lesão nervosa) nos pés aumenta a possibilidade de úlceras nos pés, infecção e eventual necessidade de amputação dos membros.

> A retinopatia diabética é uma causa importante de cegueira, e ocorre como resultado de danos acumulados a longo prazo nos pequenos vasos sanguíneos da retina. 2,6% da cegueira global pode ser atribuída à diabetes.

A diabetes está entre as principais causas de insuficiência renal Muitas pessoas vivem com rotinas diárias dolorosas e perturbadoras para gerir o seu nível de glicose, tais como a picada de raiva para colher uma amostra de sangue. Devido a estas razões, muitas pessoas não verificam a sua glicose, o que pode levar à insuficiência renal e à cegueira. Muitos investigadores têm procurado formas alternativas de controlar a glicose sem o uso de sangue, de modo a facilitar aos diabéticos a actualização dos seus níveis de açúcar.

A investigação descobriu que alguns novos testes de glicose invasivos incluem a verificação de saliva, urina, ou lágrimas. As lágrimas podem proporcionar uma medição incrivelmente precisa.

Diagnóstico e tratamento

O diagnóstico precoce pode ser realizado através de testes relativamente baratos de açúcar no sangue. O tratamento da diabetes envolve dieta e actividade física juntamente com a redução da glicemia e dos níveis de outros factores de risco conhecidos que danificam os vasos sanguíneos. A cessação do uso do tabaco é também importante para evitar complicações.

As intervenções que são simultaneamente económicas e viáveis nos países em desenvolvimento incluem:

> Controlo da glucose no sangue, particularmente na diabetes tipo 1. As pessoas com diabetes tipo 1 requerem insulina, as pessoas com diabetes tipo 2 podem ser tratadas com medicação oral, mas também podem requerer insulina;

> Controlo da pressão sanguínea; e Cuidados com os pés.

> Outras intervenções de redução de custos incluem:

> rastreio e tratamento da retinopatia (que provoca a cegueira)

> Controlo dos lípidos sanguíneos (para regular os níveis de colesterol)

> Rastreio de sinais precoces de doença renal relacionada com a diabetes e tratamento.

Factos chave

> O número de pessoas com diabetes aumentou de 108 milhões em 1980 para 422 milhões em 2014 (1).

> A prevalência global da diabetes* entre adultos com mais de 18 anos de idade
aumentou de 4,7% em 1980 para 8,5% em 2014 (1).

> A prevalência da diabetes tem vindo a aumentar mais rapidamente nos países de
rendimento médio e baixo.

> A diabetes é uma das principais causas de cegueira, insuficiência renal, ataques
cardíacos, AVC e amputação dos membros inferiores.

> Em 2015, estima-se que 1,6 milhões de mortes tenham sido directamente
causadas pela diabetes. Outras 2,2 milhões de mortes foram atribuíveis à elevada
glucose no sangue em 2012.

> Quase metade de todas as mortes atribuíveis à glicemia elevada ocorrem antes
dos 70 anos de idade. A OMS projecta que a diabetes será a sétima principal
causa de morte em 2030 (1).

> Uma dieta saudável, actividade física regular, manter um peso corporal normal e
evitar o consumo de tabaco são formas de prevenir ou retardar o aparecimento da
diabetes tipo 2.

> A diabetes pode ser tratada e as suas consequências evitadas ou atrasadas com
dieta, actividade física, medicação e rastreio regular e tratamento de
complicações.

Médicos e investigadores médicos têm pensado em formas de medir a glucose através do
fluido no olho durante anos, mas têm tido dificuldade em descobrir a melhor forma de capturar e
analisar essas lágrimas.

Algumas empresas, como a Eye Sense, desenvolveram os seus próprios produtos para
incorporar sensores no olho para medir estes níveis, enquanto outras empresas, como a Freedom
Meditech, exploraram a medição dos níveis de glicose através do olho, utilizando a solução leve

do Google, elevando-a para um nível totalmente novo, utilizando lágrimas para a monitorização constante do nível de glicose.

O Ensaio de Controlo da Diabetes e Complicações demonstrou claramente que o controlo glicémico rigoroso é crítico na gestão da diabetes mellitus e na prevenção de complicações tais como retinopatia, nefropatia, e neuropatia.

Para controlar os níveis de glicose no sangue, os padrões actuais de cuidados requerem o auto-controlo da glicose várias vezes ao dia, com maior frequência para os pacientes que recebem insulina. Actualmente, a auto-monitorização da glicose no sangue requer uma amostra de sangue com a ajuda de um dedo para a medição directa da glicose.

Muitas abordagens não invasivas à monitorização da glucose no sangue foram investigadas, mas nenhuma foi capaz de substituir a medição directa da glucose. Os sensores de glicose implantáveis e contínuos mostraram ser prometedores para melhorar o controlo glicémico.

No entanto, os dispositivos actualmente aprovados devem ser calibrados pelo menos duas vezes por dia com uma medição directa do sangue e devem ser substituídos após 3-7 dias. As técnicas não invasivas de monitorização da glucose em desenvolvimento incluem espectroscopia infravermelha (IR), espectroscopia Raman, medição da rotação de polarização óptica, fenómenos fotoacústicos, tomografia de coerência óptica, medições de fluorescência, plasma de superfície sobre ressonância em nanopartículas, e medições de impedância eléctrica.

Um único dispositivo não invasivo para monitorização da glucose no sangue, o Gluco Watch (Cygnus, Redwood City, CA), foi aprovado pela U.S. Food and Drug Administration para monitorização da glucose no sangue suplementar. No entanto, os resultados do GlucoWatch devem ser frequentemente verificados em relação a medições directas da glucose no sangue.

O Google juntou-se a investigadores da Universidade de Washington e da Novartis para criar uma lente de contacto que possa medir os níveis de glicose corporal nas lágrimas de uma pessoa e mostrar a leitura no seu dispositivo sem fios externo. A empresa anunciou um projecto a 16 de Janeiro de 2014 para fazer uma lente de contacto inteligente.

Se este projecto de lentes de contacto inteligentes tiver êxito, as pessoas com diabetes poderão deixar de colher sangue para medir os seus níveis de açúcar. O projecto está a trabalhar para resolver um dos maiores problemas de saúde que o mundo enfrenta actualmente: a diabetes.

Mas a investigação sobre as lentes de contacto começou vários anos antes na Universidade de Washington, onde os cientistas trabalharam sob financiamento da National Science Foundation. Até quinta-feira, quando o Google partilhou informações sobre o projecto com a The Associated Press, o trabalho tinha sido mantido em segredo.

"Pode levá-lo a um certo nível num ambiente académico, mas no Google foi-nos dada a latitude para investir neste projecto", disse Otis. "O bonito é que estamos a aproveitar toda a inovação na indústria de semicondutores que visava tornar os telemóveis mais pequenos e mais potentes".

O presidente do conselho da Associação Americana de Diabetes, Dwight Holing, disse estar satisfeito por os cientistas criativos estarem à procura de soluções para as pessoas com diabetes, mas avisou que o dispositivo deve fornecer informações precisas e oportunas. "As pessoas com diabetes baseiam decisões muito importantes em matéria de cuidados de saúde nos dados que recebemos dos nossos monitores".

Outros sistemas de monitorização da glucose não agulhada estão também em funcionamento, incluindo uma lente de contacto semelhante da NovioSense, uma mola minúscula e flexível que é enfiada debaixo de uma pálpebra. A OrSense, com sede em Israel, já testou um punho de polegar, e já houve desenhos iniciais para tatuagens e sensores de saliva.

Um monitor de relógio de pulso foi aprovado pela FDA em 2001, mas os pacientes disseram que as correntes eléctricas de baixo nível que puxavam o líquido da sua pele eram dolorosas, e que era um buggy. "Há muitas pessoas que têm grandes promessas", disse o Dr. Christopher Wilson, CEO da NovioSense. "É apenas uma questão de quem chega ao mercado com algo que realmente funciona primeiro".

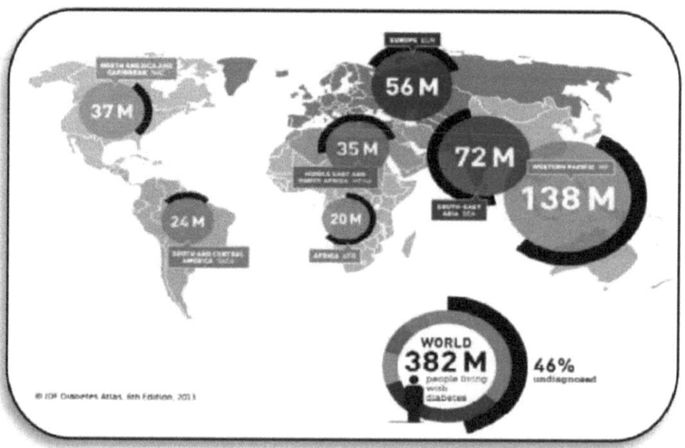

Figura 1.1: Contagem de diabéticos em redor do Globo

Uma estimativa aproximada. 400 milhões de pessoas, ou 1 em cada 19, em todo o mundo lutam contra a diabetes, na qual o corpo é incapaz de processar açúcar devido a uma produção inadequada ou inexistente de insulina. Quase 35 milhões de americanos, ou 9,5 por cento da população, vivem com a doença, de acordo com a Associação Americana de Diabetes.

O Google está agora a testar uma lente de contacto inteligente que foi construída para medir as alavancas de glicose em rasgos usando um pequeno chip sem fios, antena e sensor de glicose miniaturizado que estão embutidos entre duas camadas de construção de material de lentes de contacto macias, como mostra a figura acima.

As leituras são transferidas por meio da tecnologia de radiofrequência (RFID) para um dispositivo de leitura externo.

Está também a investigar o potencial para que isto sirva de aviso prévio para o utilizador, pelo que estão a explorar a integração de pequenas luzes LED que poderiam acender para indicar que os níveis de glucose ultrapassaram acima ou abaixo de certos limiares.

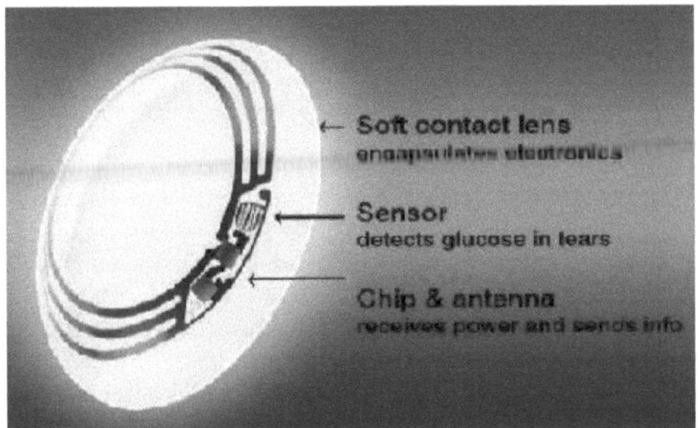

Figura 1.2: Lente de Contacto Google Smart

Ainda é cedo para esta tecnologia, mas o google completou múltiplos estudos de investigação clínica que estão a ajudar a reestruturar um novo protótipo. Esperamos que isto possa um dia conduzir a uma nova forma de as pessoas com diabetes gerirem a sua doença.

A empresa está em discussões com a FDA, mas ainda há muito mais trabalho a fazer para transformar esta tecnologia num sistema que as pessoas possam utilizar. A Google não vai fazer isto sozinha: planeiam procurar parceiros que sejam especialistas em trazer produtos como este para o mercado. Estes parceiros utilizarão a tecnologia Google para uma lente de contacto inteligente e desenvolverão aplicações que colocarão as medições à disposição do utilizador e do seu médico.

O Google sempre disse que procuram projectos que parecem um pouco especulativos ou estranhos, e numa altura em que a Federação Internacional de Diabetes declara que o mundo está a perder a batalha contra a diabetes, o Google pensou que este projecto valia a pena tentar.

Capítulo 2

DIRECTOR DE TRABALHO

E IMPLEMENTAÇÃO

Necessidade

A diabetes é um problema enorme e crescente, que afecta uma em cada 19 pessoas, ou cerca de 382 milhões de pessoas em todo o mundo. Infelizmente, a doença está a aumentar em todos os países. O National Diabetes Education Program estima que mais de 8% dos americanos têm diabetes e outros 25% são pré-diabéticos. Isto significa que todos os dias, várias vezes por dia, mais de 25 milhões de pessoas neste país têm de tirar tempo para picar os dedos e testar os seus níveis de açúcar no sangue.

Uma vez que muitas pessoas não fazem leituras com a frequência que deveriam, não tomam medidas de precaução para controlar o seu açúcar no sangue e, como resultado, a sua saúde pode sofrer. A diabetes é a principal causa de insuficiência renal, amputações não-traumáticas dos membros inferiores e novos casos de cegueira nos Estados Unidos.

O projecto Google de lentes de contacto está a gerar muito interesse, com quase 5.000 acções e comentários num post de blogue do Google sobre o projecto. Os comentários mostram a frustração com os métodos actuais de teste de glucose. A reacção dos leitores ao projecto tem sido extremamente positiva, com grande interesse por parte dos doentes com diabetes.

Desenho

As anteriores concepções de lentes de contacto inteligentes para monitorização da glucose, tais como a patenteada pela Verily, o braço da ciência da vida de Alphabet, ficaram aquém das expectativas. Tendem a ter componentes electrónicos fabricados em substratos duros que são inseridos numa lente de contacto, diz Jang-Ung Park, professor associado na escola de ciência e engenharia de materiais do Instituto Nacional de Ciência e Tecnologia de Ulsan (UNIST) na Coreia do Sul, que foi co-autor do relatório. O resultado é uma lente de contacto que é frágil e pode quebrar-se com o tempo, e pode também impedir o campo de visão do utilizador, diz Park.

No protótipo da UNIST, segmentos de componentes electrónicos rígidos, incluindo circuitos, antenas, LEDs e sensores, são isolados em "ilhas" interligadas por condutores extensíveis. Entre as "ilhas" encontra-se um material macio e elástico. O padrão, que se parece um pouco com as manchas de uma girafa, distribui tensão mecânica. Isso protege a electrónica de ser deformada quando a lente de contacto é manuseada pelo utilizador.

O grupo também conseguiu igualar os índices de refracção das ilhas e o material elástico, minimizando a dispersão da luz e melhorando a transparência. "É um desenho robusto", diz Herman. "Estou impressionado com este grupo e com a medida em que estão a avançar com a tecnologia".

Quando os níveis de glucose do utilizador estão normais, a luz LED permanece acesa, e quando os níveis se afastam do intervalo normal, a luz apaga-se. Park diz que planeia ligar o dispositivo a uma aplicação de software que também irá indicar os níveis de glicose.

O grupo de Park testou a lente num coelho durante 5 horas, e descobriu que não causava irritação. O grupo também apontou uma câmara através da lente e tirou fotografias, relatando que a clareza era boa.

Uma desvantagem do desenho é que exige que uma fonte de energia externa seja mantida a uma distância máxima de 9 milímetros da lente de contacto. "Há uma troca que se faz quando se procura a transparência", diz Herman. A antena é feita de nanofibras longas de metal que, embora estiráveis e invisíveis ao utilizador, têm uma condutividade mais baixa e precisam de funcionar a frequências mais baixas. Isto significa que a bobina da fonte de energia deve estar mais próxima da lente, diz ele.

O conceito de antena é uma extensão do trabalho anterior da equipa, no qual desenvolveram um filme feito de nano-fios de grafeno e prata que servia como eléctrodos transparentes e extensíveis. A equipa relatou que em Abril de 2017, mas na altura, ainda não tinham descoberto uma forma de incorporar a antena, os sensores, ou o visor LED na lente.

À equipa do Park juntam-se muitos outros no terreno atraídos pelo fascínio das lentes de contacto inteligentes. Outro grupo fora da Coreia do Sul, por exemplo, em 2016, relatou o desenvolvimento de lentes de contacto que são alimentadas e controladas por óculos. As lentes podem monitorizar a glicose e administrar medicamentos. E a Sensimed em Lausanne, Suíça, comercializou uma lente de contacto com sensor de pressão para rastreio e diagnóstico de glaucoma.

Park diz que ele e a sua equipa gostariam de aplicar o desenho inteligente das lentes de contacto a outras aplicações médicas, tais como a entrega de medicamentos. Para a aplicação de monitorização da glucose, ele diz que espera ser comercializado nos próximos cinco anos.

A lente consiste num chip sem fios e num sensor de glicose miniaturizado. Um pequeno orifício na lente permite que o líquido lacrimogéneo se infiltre no sensor para medir os níveis de açúcar no sangue. Ambos os sensores estão embutidos entre duas camadas macias de material da lente. A electrónica encontra-se fora tanto da pupila como da íris, pelo que não há danos no olho. Há uma antena sem fios no interior do contacto que é mais fina do que o cabelo de um humano, que actuará como controlador para comunicar informações ao dispositivo sem fios.

Fig 2.1 : Lente electrónica (imagem cortesia do Google)

O Google diz que os componentes electrónicos na lente são tão pequenos que parecem ser manchas de brilho, e que a antena sem fios é mais fina do que um cabelo humano. Para trazer este conceito à realidade, o Google trouxe recentemente as lentes para a Food and Drug Administration dos EUA, e começaram os primeiros estudos clínicos independentes

A equipa da Google construiu os chips sem fios em salas limpas e utilizou engenharia avançada para obter circuitos integrados e um sensor de glucose num espaço tão pequeno.

Os investigadores também tiveram de incorporar um sistema para puxar a energia das ondas de radiofrequência de entrada para alimentar o dispositivo o suficiente para recolher e transmitir uma leitura de glicose por segundo. A electrónica embutida na lente não obscurece a visão porque fica fora da pupila e da íris do olho.

A Google procura agora parceiros com experiência em trazer produtos semelhantes para o mercado. Os funcionários do Google recusaram-se a dizer quantas pessoas trabalharam no projecto ou quanto a empresa investiu nele. O controlador recolherá, lerá e analisará os dados que serão enviados para o dispositivo externo através da antena. A energia será retirada do dispositivo que comunicará os dados através da tecnologia sem fios RFID.

Foram mencionados planos para adicionar pequenas luzes LED que poderiam avisar o utente ao acender quando os níveis de glicose tenham atravessado acima ou abaixo de certos limiares para estarem a ser considerados. O desempenho das lentes de contacto em ambientes ventosos e olhos cansados é desconhecido.

A lente contém um microchip minúsculo e ultra fino que está embutido num dos seus lados côncavos finos. Através da sua igualmente minúscula antena, enviará dados sobre as medições da glucose das lágrimas do utilizador para o seu telefone inteligente emparelhado através do software instalado. Inicialmente, os programadores estavam também a considerar adicionar iluminação LED que poderia ajudar a avisar os utilizadores quando os seus níveis de glicose caíssem abaixo de certos limiares. No entanto, abandonaram a ideia, pois a composição de arsénico do LED poderia revelar-se perigosa.

Implementação

Lentes de contacto como tecnologia de plataforma

Lentes de contacto como sensores minimamente invasivos têm sido usadas para medir a PIO e concentrações de glucose, lactato, e iões K + em fluido lacrimogéneo. Esta secção fornece uma visão geral dos materiais dos sensores de lentes de contacto, metodologias de fabrico, mecanismos de detecção, técnicas de alimentação, e leitura. Os sensores de lentes de contacto devem ter uma série de características desejáveis.

Primeiro, não devem causar irritação ocular, o que altera as concentrações de metabolitos e proteínas no interior do líquido lacrimogéneo. Por exemplo, são detectadas concentrações mais elevadas de glucose quando o teste causa irritação ocular, em comparação com métodos de amostragem minimamente invasivos. Isto deve-se à libertação de glucose das células danificadas e subsequente difusão para o fluido lacrimogéneo. O efeito de alteração é oposto ao da ureia, um resultado consistente com a fuga de ureia através da barreira epitelial danificada para os tecidos que envolvem o fluido da câmara anterior.

A concentração de lactato e piruvato não se altera com a irritação, sugerindo que o epitélio não é uma barreira para o lactato ou piruvato. Embora as lentes de contacto actualmente no mercado causem pouca ou nenhuma irritação após um período de ajuste, a irritação é uma consequência potencial a evitar ao integrar sensores em lentes de contacto.

Em segundo lugar, os sensores de lentes de contacto devem fornecer uma resposta estável, totalmente reversível, sensível, e específica ao analito alvo.

A sensibilidade dos sensores das lentes de contacto pode deteriorar-se com o tempo se um mecanismo de detecção apresentar histerese devido à degradação dos materiais dos sensores.

Isto pode ocorrer através da desnaturação das unidades de detecção de proteínas, do branqueamento fotográfico de corantes orgânicos na detecção de fluorescência, ou da lixiviação dos materiais do sensor para o fluido lacrimogéneo. Uma técnica comum empregada para evitar a lixiviação é encapsular o material de detecção antes de o incorporar na matriz polimérica. No entanto, esta técnica introduz variáveis adicionais, tais como a redução da taxa de difusão.

Em terceiro lugar, o tempo entre a detecção e a leitura deve ser rápido. Por exemplo, isto é particularmente importante para a concentração de glicose, para assegurar que o utilizador receba um aviso imediato do início de hipo/ hiperglicemia.

O atraso entre as alterações das concentrações de glucose no sangue e a correspondente alteração do fluido lacrimogéneo é de "5 min; no entanto, foram registados tempos de atraso entre a detecção e a leitura de até 20 min, indicando que a minimização do tempo de leitura é fundamental. O tempo de resposta é principalmente determinado pelos materiais de detecção e pela matriz polimérica circundante.

Para minimizar o tempo de resposta, pode ser obtida uma curva de calibração para cada paciente para compensar parcialmente o atraso no caso de medições de glicose. A chave para uma resposta rápida (e reversível) reside na optimização da cinética de ligação em condições fisiológicas normais do olho para permitir uma rápida complexação e libertação das moléculas de analito/produto.

Os materiais de detecção devem libertar as moléculas do analito/produto após a ligação para evitar quaisquer atrasos resultantes de um desequilíbrio local de concentração sobre a exactidão da leitura. Factores adicionais tais como o prazo de validade, estabilidade de temperatura e esterilidade do material de detecção devem ser equilibrados com os requisitos acima mencionados para se obter uma leitura fiável e clinicamente útil para um sensor de lentes de contacto.

Se construída com sucesso, a lente ofereceria uma forma mais fácil e abrangente de monitorizar os níveis de glicose dos diabéticos em comparação com as técnicas actuais, que incluem a recolha de sangue do dedo do paciente.

A tecnologia tem o potencial de reduzir o custo da gestão de doenças crónicas e de encorajar as pessoas a envolverem-se na gestão digital da sua saúde. Enquanto tudo parece estar a funcionar, a Novartis anunciou recentemente que estava a recuar em relação ao seu objectivo anunciado para 2016 em termos de testar a lente em humanos.

De acordo com a Federação Internacional de Diabetes, espera-se que uma em cada 10 pessoas no mundo tenha diabetes até 2035. O laboratório Google X está a desenvolver uma lente de contacto inteligente que pode medir os níveis de glicose em lágrimas. Segundo a Novartis, a tecnologia das lentes inteligentes "envolve sensores não invasivos e outras miniaturizadas electrónicas" que serão incorporadas nas lentes de contacto tem como objectivo proporcionar uma medição contínua e minimamente invasiva dos níveis de glucose do corpo para diabéticos do que picar os seus n-gers até 10 vezes por dia para verificar.

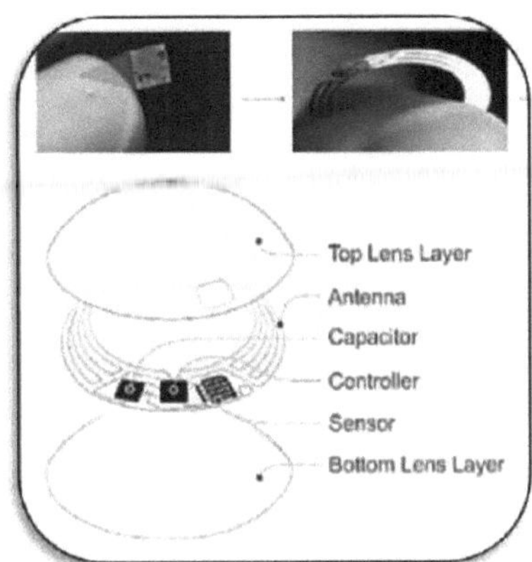

Figura 2.2: Construção de Lentes de Contacto

Enquanto a equipa da Google desenvolverá os chips à medida que avança na miniaturização da electrónica, a Alcon desenvolverá e comercializará a tecnologia de lentes inteligentes da Google.

Sensores de lentes de contacto de pressão intra-ocular

Uma pressão intra-ocular elevada (PIO) é a principal indicação de glaucoma. Uma mudança nas forças que actuam sobre uma lente de contacto pode ser correlacionada com a PIO, e por isso os sensores de lentes de contacto têm utilidade nesta aplicação. Cinco forças diferentes actuam sobre uma lente de contacto corneana: A pressão atmosférica (P0) actua sobre a sua superfície livre, a pressão hidrostática do pós-lente rasgo fi lm (P 1) actua sobre a superfície da lente em contacto com a córnea, a força da gravidade (p) (peso da lente), a força exercida sobre a lente de contacto pela pálpebra durante um piscar de olhos (tampa F), e a tensão superficial do pré-lente rasgo fi lm (Fo). O efeito destas forças determina a posição da lente de contacto sobre a córnea.

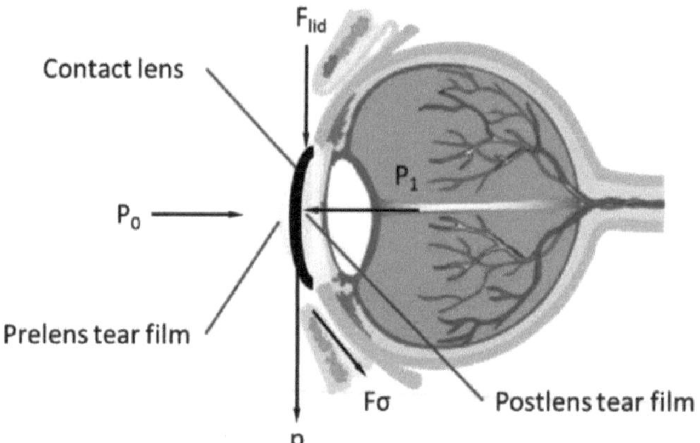

Figura 2.3: As cinco principais forças que actuam sobre uma lente de contacto

Existem quatro categorias de sensores de lentes de contacto que monitorizam o PIO:

I. Sensores capacitativos,

II. sensores piezo-resistivos,

III. sensores de strain gauge, e

IV. sensores microinductores.

Sensores Capacitativos

Os sensores de lentes de contacto capacitivas foram desenvolvidos para medir a PIO a partir da curvatura da córnea, e são adequados para aplicações de baixa força. Estes sensores consistem em duas camadas independentes: uma camada de referência externa e uma camada de detecção interna. A camada sensora pode detectar alterações na curvatura da lente (relativamente à camada de referência), o que está relacionado com alterações na PIO.

À medida que a curvatura da lente muda, a frequência de ressonância do circuito indutor-capacitor também muda, o que pode ser medido e correlacionado com a PIO. Um sensor de lentes de contacto capacitativo foi fabricado a partir de silicone de qualidade médica, utilizando molde de transferência, e os eléctrodos e a bobina indutiva foram gravados a partir de folha de cobre.

Para assegurar a biocompatibilidade, os eléctrodos do condensador e da bobina indutiva foram revestidos com parileno-C. Os circuitos foram fundidos separadamente no interior da camada de silicone e posteriormente curados. As camadas sensoriais e de referência foram ligadas com fio, utilizando um adesivo de silicone, formando o material sensorial. Este sensor foi testado em olhos de silicone e olhos de porco enucleados.

Sensores Piezo-Resistivos

A descoberta de filmes de bilayer flexíveis, condutores e totalmente orgânicos com propriedades piezo-resistivas permite a medição de PIO utilizando um sensor de lentes de contacto.

As vantagens desta tecnologia incluem materiais de detecção transparentes, e um bocal altamente sensível à deformação. As camadas de bílis consistem numa película de policarbonato coberta de um lado por uma camada de cristais de nanoestrutura de um condutor molecular orgânico.

A resistência piezoeléctrica resultante é causada pela suavidade dos nanocristais do sal condutor que são deformados sob uma pequena deformação, o que altera as suas propriedades condutoras

Sensores Mecânicos de Medição de Tensão

Estes sensores utilizam extensómetros para converter as alterações na curvatura da córnea num sinal eléctrico para medir a PIO. As vantagens dos sensores de strain gauge mecânicos são que uma vasta gama de materiais está disponível para construção, e a variabilidade da temperatura pode ser mitigada, ao contrário dos sensores piezo-resistivos.

Sensores Microindutores

Estes sensores medem o PIO correlacionando as alterações no valor da indutância do material de detecção com as alterações da curvatura da córnea resultantes de variações do PIO. O valor da indutância é quantificado por um circuito indutor-capacitor (LC). Um dispositivo que incorpora um sensor micro-indutor foi fabricado por spin coating de um substrato de silício com uma foto-resistência (AZ4621) ou alumínio de película evaporada para formar uma camada sacrificial.

As inovadoras lentes de contacto incluem um pequeno chip sem fios, uma antena circular e um sensor de glicose miniaturizado que são tão pequenos como uma mancha de brilho. É ensanduichado entre duas camadas de material de lentes de contacto macias hidrogel, como mostra a figura abaixo.

Um pequeno orifício na camada superior da lente permite que o líquido lacrimogéneo se infiltre por cima do sensor de glucose. A lente também possui uma antena minúscula e um controlador para que a informação recolhida da lente possa passar do olho para um dispositivo como um monitor de mão onde esses dados possam ser lidos e analisados.

A comunicação entre a lente e o dispositivo externo é feita utilizando uma tecnologia sem fios conhecida como RFID. O contacto inteligente é capaz de monitorizar os níveis de glicose uma vez por segundo e transmitir os dados sem fios para um dispositivo externo.

No gure abaixo, a electrónica encontra-se fora tanto da pupila como da íris, pelo que não há danos no olho. Há uma antena sem fios no interior do contacto que é mais fina do que o cabelo de um humano, e um controlador.

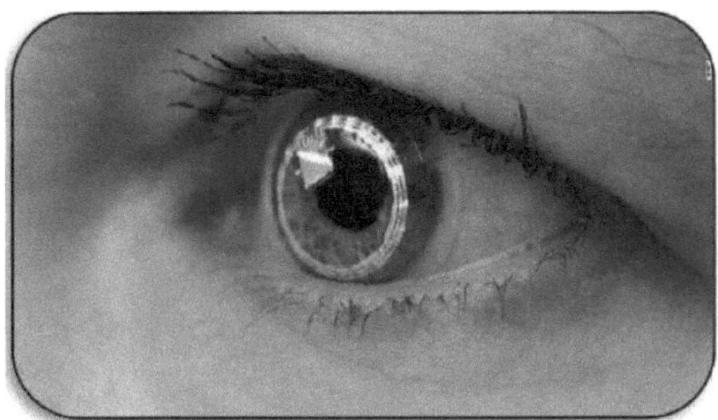

Figura 2.4: Desgaste da lente

À medida que o rasgão penetra no buraco, entra em contacto com o sensor de glicose que, por sua vez, passa por baixo da reacção electroquímica. A glucose reage com a glucose oxidase (DEUS) à espuma de ácido glucónico. São também produzidos dois electrões e dois prótons. O mediador da glicose reage com o oxigénio circundante para formar H2O2 e DEUS. Agora este DEUS pode reagir com mais glicose.

Mais alta a glicose mais alta o consumo de oxigénio. E depois o teor de glicose pode ser detectado pelos eléctrodos Pt. E diferenciar o teor de glicose da amostra.

Medição de Lágrimas em Fluido Rasgado Extraído

Os componentes químicos das lacerações foram estudados pela primeira vez por Fourcroy e Vauquelin há mais de 200 anos.[74] O primeiro relatório quantitativo de glicose no fluido lacrimogéneo parece ser de 1930, quando Ridley relatou concentrações de glicose lacrimal de 3,6 mmol/L (65 mg/dL).[75] Embora o método de análise da glicose não tenha sido descrito neste estudo, o volume de laceração estudado foi de 0,2 mL, sugerindo que a laceração foi induzida a recolher volumes tão grandes. Os valores reportados da concentração de glicose lacrimogénea diminuíram constantemente, uma vez que os métodos analíticos exigiam menos volume de amostra.

No extremo oposto, LeBlanc et al relataram recentemente uma concentração média de glicose lacrimal de 7,25 ± 5,47 pmol/L em cinco pacientes numa unidade de cuidados intensivos.[76] A glicose foi medida utilizando cromatografia líquida de alto rendimento com detecção amperométrica pulsada.

Os volumes de amostra estudados foram variáveis e não foram notificados individualmente, mas presumivelmente inferiores a 1 pL.77,78 O facto de os valores notificados das concentrações de glucose lacrimal terem variado 1000 vezes entre estudos demonstra a necessidade de uma cuidadosa consideração e controlo dos parâmetros experimentais, tais como método de recolha, método de análise, e selecção da população clínica.

A seguinte reacção é mostrada na figura abaixo. A tecnologia das lentes de glucose do Googles vai muito além da electrónica e contém enzimas e eléctrodos incorporados nos materiais utilizados para fazer lentes de contacto regulares. Isto combina os avanços feitos em bioquímica, electrónica e ciências dos materiais durante os últimos anos.

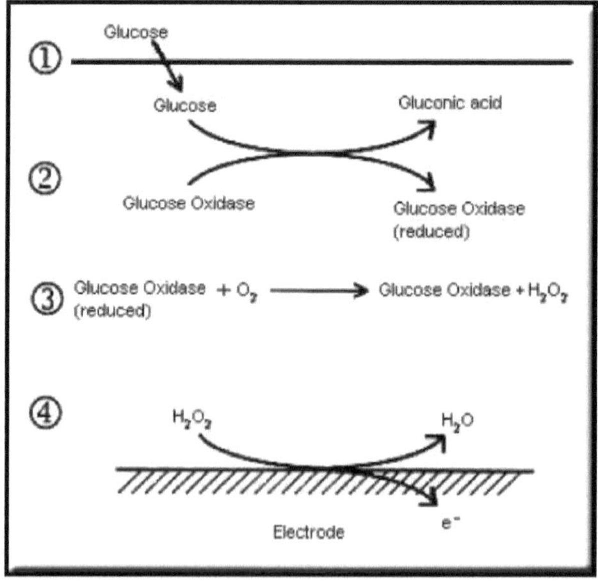

Figura 2.5: Reacção Química da Glucose

A antena irá recolher, ler e analisar dados e comunicar dados através da tecnologia sem fios conhecida como Radio Frequency Identity cation (RFID). O mais discutível é que tecnologia sem fios evolucionária que impulsionou o trabalho dos de-vices incorporados até uma grande marca. E há muitos sistemas e dispositivos que funcionam com base nesta tecnologia.

As lentes de contacto do Google utilizam a tecnologia RFID. Desempenha um papel importante no funcionamento das lentes de contacto do Google. Com a ajuda da tecnologia RFID, os dados sobre o nível de glicose são transferidos para qualquer dispositivo sem fios A RFID é cluo ui od em duas categorias, uma é Reader e a segunda é Tag. Estão ainda divididos como activos e passivos. Na lente do google um leitor activo e uma etiqueta passiva são utilizados para transferir dados.

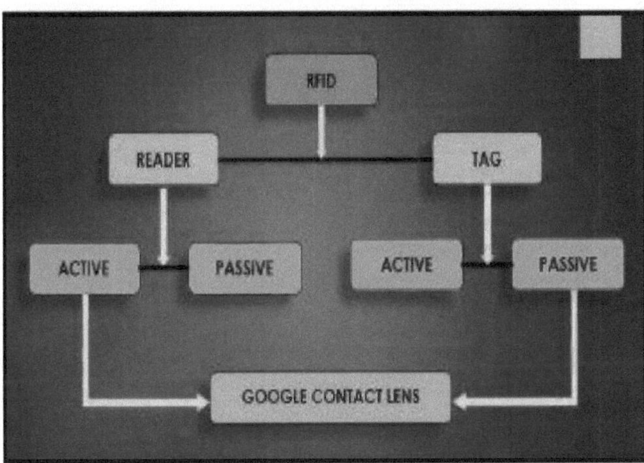

Figura 2.5: Esquema para RFID

O leitor activo é utilizado para transferir e receber dados enquanto a etiqueta passiva é utilizada apenas para enviar dados. As etiquetas RFID contêm duas partes. Uma é um circuito integrado para armazenar e processar informação, modulando e desmodulando um sinal de radiofrequência (RF), e outras funções especializadas. A segunda é uma antena para a recepção e transmissão do sinal. O leitor RFID contém duas partes: transreceptor que gera um sinal de rádio fraco que tem um alcance de poucos metros a poucos metros. O sinal é necessário para activar a etiqueta da lente. Este sinal de rádio é transmitido através da antena do Leitor.

A identificação por radiofrequência descreve o sistema em que a identidade de um indivíduo ou objecto é transmitida por meio de um número de série único através de ondas de rádio. Quando uma etiqueta RFID é colocada dentro do alcance específico do leitor, a identificação única é detectada. Após a leitura do ID da etiqueta é lido pelo leitor e depois essa identificação única é transmitida a um controlador/processador. O controlador, por sua vez, executa a acção speci c usando esse ID com base no código escrito.

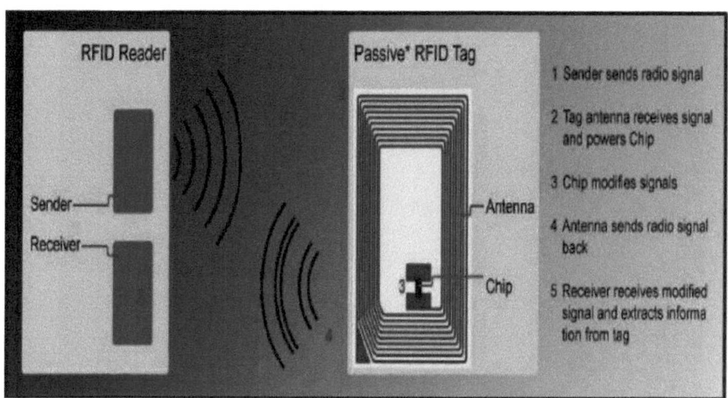

Figura 2.6: Funcionamento da RFID

A lente pode gerar uma leitura por segundo O Google está também a explorar a possibilidade de assimilar pequenas luzes LED nos contactos que se acenderiam quando os níveis de glicose fossem demasiado baixos ou altos, automatizando de facto o processo de monitorização da glicose conhecido entre os cientistas como Sensores Electroquímicos Oftálmicos, estas lentes de contacto apresentarão uma electrónica flexível que inclui sensores e uma antena.

Os sensores são concebidos para ler os produtos químicos no fluido lacrimogéneo do olho dos utilizadores e alertá-la, possivelmente através de uma pequena luz LED incorporada, quando o seu

açúcar no sangue cai para níveis perigosos. Esta tecnologia está ainda em desenvolvimento e o Google

está em discussões com a Food and Drug Administration para preparar o protótipo para o mercado.

Capítulo 3

VANTAGENS E DESVANTAGENS

3.1 Vantagens

Uma pessoa que sofre de diabetes é incapaz de utilizar eficazmente a insulina para quebrar a glicose no sangue, o que, em última análise, coloca-a em risco de complicações para a saúde. A fim de manter um nível constante de glicose, os diabéticos devem picar o dedo e testar gotas de sangue ao longo do dia.

No entanto, isto poderá em breve ser obsoleto com as lentes de contacto inteligentes Googles. Um melhor controlo da glucose no sangue traria benefícios para a saúde dos diabéticos. Os efeitos adversos da diabetes na saúde são devidos aos efeitos cumulativos dos níveis de glicose nocivos durante longos períodos de tempo. Até a investigação biomédica encontrar uma forma de substituir as células beta, uma lente de contacto de glicose parece ser uma ideia promissora.

As vantagens promissoras são

> É um método simples e indolor, não precisamos de picar os dedos repetidamente para testar as amostras de sangue.

> Continua a monitorização da glucose, uma vez que este método de testar o nível de glucose no corpo humano é fácil, o paciente diabético pode analisar o nível de glucose.

> A mobilidade dos utilizadores pode ser integrada com o ciclo de vida, os pacientes podem verificar o nível em qualquer lugar e em qualquer altura.

> A leitura exacta assegura eficiência e é segura na utilização, fácil de manusear. Reutilizável (solução rentável).

> É provável que este dispositivo seja um enorme sucesso, pois ninguém gosta de ter de picar os dedos com uma lanceta todos os dias para fazer as suas leituras de glicose, especialmente os muito jovens ou os mais velhos.

3.2 Desvantagens

A limitação diz respeito ao facto de que as lentes de contacto não devem ser usadas enquanto as pessoas estão a dormir e o período nocturno é quando as pessoas com diabetes tipo 1 estão em maior risco de hipoglicémia.

> As lentes de contacto podem ser alérgicas a algum utente.

> As pessoas que já usam lentes para a visão podem ter dificuldade em usar lentes Google.

Capítulo 4

CANDIDATURAS

A Novartis declarou que com os seus conhecimentos especializados em produtos farmacêuticos e dispositivos médicos a empresa está actualmente a concentrar-se nos seus dois interesses nesta tecnologia - ajudar os doentes diabéticos a gerir a sua doença e para as pessoas que vivem com presbiopia e que já não conseguem ler sem óculos.

Além disso, a empresa também vê o potencial para ajudar os pacientes com presbiopia, para "restaurar a autofocus natural do olho em objectos próximos sob a forma de lentes de contacto acomodativas ou lentes intra-oculares como parte do tratamento de cataratas refractiva.

Nos termos do acordo, a Google[x] e a Alcon irão colaborar para desenvolver uma lente inteligente que poderá mudar totalmente a forma como os humanos reagem e respondem às preocupações com a saúde. Uma das aplicações das lentes de contacto é ajudar os diabéticos a manterem-se mais atentos e a ligarem-se sem fios a um dispositivo móvel. Poderiam também acabar por ajudar os deficientes visuais a ver de novo. A Novartis diz que os sensores não invasivos, microchips e outros componentes electrónicos miniaturizados que estão incorporados nas lentes de contacto têm o potencial de abordar as condições oculares.

De todos os aparelhos vestíveis que chegaram ao mercado - Fitbits, relógios Apple, até anéis Bluetooth - as lentes de contacto inteligentes têm de ser a tecnologia vestível mais futurista de sempre.

Google, um dos principais pioneiros mundiais em tecnologia e engenharia, acaba de registar uma patente de lentes de contacto novas, inteligentes e movidas a energia solar, e as suas características potenciais são estonteantes.

Aplicações futuras

1. **Digitalizar códigos de barras, etiquetas de preço, e cupões.**

Para todos os compradores por aí, a sua experiência de compra pode tornar-se mais rápida e eficiente graças às lentes inteligentes do Google. A patente discute as circunstâncias em que outros dispositivos poderiam "receber informações detalhadas sobre cupões electrónicos, preços, informações de garantia ou similares".

Assim, basicamente, os caixas poderiam usar os contactos e ter a capacidade de digitalizar e processar cupões e etiquetas de preços rapidamente. Quem sabe? Mayb e as lentes de contacto irão até substituir completamente os scanners de loja.

2. **Autenticar as identidades.**

Esta característica só foi mencionada brevemente na patente, mas a frase é suficiente para dar asas à sua imaginação: "A análise de retina de um utilizador pode ser realizada e um sinal óptico transmitido em resposta a um pedido de autenticação". Esqueça os cartões-chave e as digitalizações de impressões digitais para obter a entrada em áreas restritas.

As lentes de contacto do Google poderiam espalhar o conceito de ficção científica por todo o mundo para reforçar a segurança - e talvez até ligar software para digitalizações de retina aos nossos smartphones para fins bancários, e-mail, e quaisquer aplicações ultra-secretas.

3. Ajudar a gerir as alergias.

A única queda da estação em que o mundo floresce de volta à vida é que a Primavera também traz alergias irritantes à febre dos fenos.

A patente diz que as lentes, "podem detectar qualquer número de características biológicas, químicas e/ou microbiológicas num ambiente incluindo, mas não se limitando a, níveis de materiais perigosos, níveis de alergénios, a presença de vários organismos ou espécies ou similares". Assim, poderiam avisá-lo sobre um número de alergénios que flutuam no ar, como o pólen, o pêlo de animais de estimação, e os ratos do pó.

4. Monitorize o seu teor de álcool no sangue e a temperatura corporal.

As lentes irão alegadamente oferecer uma gama de características para recolher e enviar informações sobre os dados biológicos de um utilizador para outros dispositivos, incluindo a temperatura corporal interna e o teor de álcool no sangue (TAS). Esta característica poderia ajudar a manter um registo da saúde corporal e relembrar os bebedores de tequila quando chegar a altura de dar um descanso aos shots de tequila.

5. Rastrear os níveis de glicose.

O Google tinha anunciado anteriormente em 2014 que estava a trabalhar num projecto para criar uma lente de contacto inteligente que medisse os níveis de glucose do utilizador através das suas lágrimas utilizando um minúsculo chip sem fios e um sensor de glucose minúsculo. A nova patente do gigante tecnológico faz parecer que esta funcionalidade será levada para o nível seguinte, enviando a informação a médicos, pais, ou cuidadores para avisar quando os níveis de glucose de um diabético são demasiado altos ou baixos.

6. Gerar energia solar e de fonte de luz ambiente.

Uma vez que as lentes de contacto não parecem ser algo fácil de ligar a um carregador de parede, o Google fabricou-as com "fotodetectores" que recolhem a luz do sol ou fontes de luz ambiente para alimentar as lentes. Os fotodetectores poderiam também ser utilizados para receber dados, permitindo que o dispositivo comunicasse com computadores e telemóveis.

Capítulo 5

ÂMBITO DO FUTURO

A unidade Novartiss Alcon irá trabalhar com a divisão secreta do Google X da Googles em lentes com sensores não invasivos, microchips e electrónica miniaturizada integrada para monitorizar não só os níveis de insulina para pessoas mas também para monitorizar outras doenças, ou para restaurar o foco natural dos olhos em pessoas que já não conseguem ler sem óculos, disse a Novartis, baseada em Basileia, numa declaração.

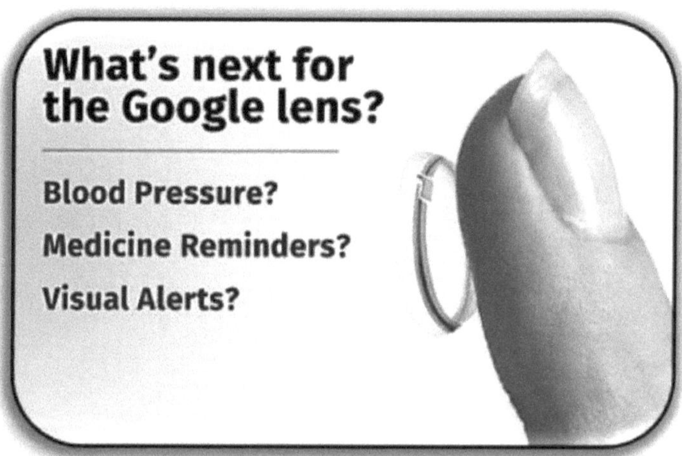

Figura 5.1: Escopelo do Futuro

A Novartis espera obter os primeiros protótipos no início do próximo ano e poderá começar a comercializar os produtos em cerca de ve anos, A promessa aqui é o Santo Graal dos cuidados visuais, de poder replicar o funcionamento natural do olho.

A possibilidade de embutir sensores de câmara sem problemas nas lentes de contacto é certamente geradora de ainda mais controvérsia em torno da tecnologia de lentes de contacto. A implementação de sensores de câmara directamente nas lentes de contacto tornaria ainda mais fácil tirar fotografias discretamente sem que ninguém reparasse.

Michio Kaku futurologists disse que Nas próximas duas décadas a Internet estará nas suas lentes de contacto, quando pestanejar estará online e assim por diante.

Figura 5.2: Âmbito futuro 2

CONCLUSÃO

A lente será capaz de ajudar as pessoas com diabetes, monitorizando de perto e de forma consistente os níveis de glicose das suas lágrimas. A investigação provou que o método das lentes de contacto é menos doloroso e demorado para os diabéticos do que os métodos tra-ditional.

Embora a invenção das lentes de contacto Google seja excelente, precisará de tempo para ser implementada regularmente e superar o método tradicional de testar o nível de glicose no corpo humano. Esta tecnologia está ainda em desenvolvimento e o Google está em discussões com a Food and Drug Administration para preparar o protótipo para o mercado.

Os recentes avanços na electrónica wearable combinados com comunicações sem fios são essenciais para a realização de aplicações médicas através de tecnologias de monitorização da saúde. Por exemplo, uma lente de contacto inteligente, capaz de monitorizar a informação fisiológica do olho e do fluido lacrimogéneo, poderia fornecer diagnósticos médicos não invasivos em tempo real. Contudo, relatórios anteriores sobre as lentes de contacto inteligentes indicaram que foram utilizados componentes opacos e quebradiços para permitir o funcionamento do dispositivo electrónico, e isto poderia bloquear a visão do utilizador e potencialmente

danificar o olho. Além disso, a utilização de equipamento caro e volumoso para medir os sinais dos sensores das lentes de contacto poderia interferir com as actividades externas do utilizador.

Os sensores de glicose, os circuitos de transferência de energia sem fios e os pixels de visualização para visualizar os sinais de detecção em tempo real devem ser totalmente integrados utilizando nanoestruturas transparentes e extensíveis. A integração deste visor na lente inteligente elimina a necessidade de equipamento de medição adicional e volumoso.

Referências

1] NM Farandos, AKYetisen, MJ Monteiro, CR Lowe, SH Yun (2014) "Contact Lens Sensors in Ocular Diagnostics in Ocular Diagnostics. ". Materiais avançados de cuidados de saúde. http://onlinelibrary.wiley.com

2] Brian Otis; BabakParviz (16 de Janeiro de 2014). Apresentando o nosso projecto de lentes de contacto inteligentes". Blog do Google O cial. Recuperado a 17 de Janeiro de 2014. https://googleblog.blogspot.in/ as nossas lentes de contacto inteligentes. html

3] Doyle, Maria (12 de Fevereiro de 2014). "Contactos do Google ajudarão os Diabéticos a monitorizar o açúcar no sangue através de Lágrimas". Forbes. Recuperado a 20 de Março de 2014. http://www.forbes.com/sites/pt contacts-will-help-diabetics-monitor-sugar-via-tears/7e15359ae2c6.

4] "Google contact lens could help diabetics track glucose".CBC News. 17 jan-uary 2014.Recuperado a 20 marzo 2014. http://www.cbc.ca/news/technology/google-contact-lens- could-help-diabetics-track-glucose-1.2500274

5] Tsukayama, Hayley (17 de Janeiro de 2014). "Googles smart contact lens": O que faz e como funciona". The Washington Post. Recuperado em 2014. https://www.washingtonpost.c smart-contact-lens-what-it-does-and-how-it-works/2014/01/17/96b938ec-7f80-11 e3 -93c1 0e888170b723story:html

6] Brian Otis; Babak Parviz (16 de Janeiro de 2014). "Apresentando o nosso projecto de lentes de contacto inteligentes". Blog Oficial do Google. Recuperado a 17 de Janeiro de 2014.

7] NM Farandos; AK Yetisen; MJ Monteiro; CR Lowe; SH Yun (2014). "Lente de contacto Sensores em Diagnóstico Ocular". Materiais avançados de cuidados de saúde. 4:   792 10. doi:10.1002/adhm.201400504. PMID 25400274.

8]   Doyle, Maria (12 de Fevereiro de 2014). "Contactos Google ajudarão Diabéticos a monitorizar o açúcar no sangue através de lágrimas". Forbes. Recuperado a 20 de Março de 2014.

9]   "As lentes de contacto Google podem ajudar os diabéticos a rastrear a glicose". CBC News. 17 de Janeiro de 2014. Recuperado a 20 de Março de 2014.

10]   "As lentes de contacto Google podem ser uma opção para diabéticos". The Washington Post. 17 de Janeiro de 2014. Recuperado a 17 de Janeiro de 2014.

11]   "Google anuncia lentes de contacto 'inteligentes' que monitorizam os níveis de glicose". Fox News. 16 de Janeiro de 2014. Recuperado a 17 de Janeiro de 2014.

12]   https://www.statnews.com/2016/06/06/google-star-trek-fiction/

13]   Baca, Justin (2007). "Mass Spectral Determination of Fasting Tear Glucose". Concentrações em Voluntários Nondiabetic". Química Clínica. 53 (7):   1370 . doi:10.1373/clinchem.2006.078543. PMID 17495022.

14]   Zhang, Jin (Janeiro de 2011). "Noninvasive Diagnostic Devices for Diabetes through Measuring Tear Glucose". Journal of Diabetes Science and Technology. 5 (1): 166172. doi:10.1177/193229681100500123.

15]   BACA, Justin (2007). "Tear Glucose Analysis for the Noninvasive Detection and Monitorização da Diabetes Mellitus". A SUPERFÍCIE OCULAR. 5 (4):   280 293. doi:10.1016/s1542-0124(12)70094-0.

16]   Smith, John. "The Pursuit of Noninvasive Glucose: "Hunting the Deceitful Turkey" (PDF).

17]   Yao, H., Afanasiev, A., Lahdesmaki, I., & Parviz, B. A. (2011, Janeiro). Um sensor duplo de glicose em microescala numa lente de contacto, testado em condições que imitam o olho. In Microelectromechanical Systems (MEMS), 2011 IEEE 24th International Conference on (pp. 25-28).

IEEE.

18]   Vashist, Sandeep Kumar. " Tecnologia não invasiva de monitorização da glucose na gestão da diabetes: São novas. "Analytica chimica acta 750 (2012): 16-27.

19]   Tura, Andrea, Alberto Maran, e Gio anni acini. " Monitorização não invasiva da glucose: avaliação das tecnologias e dos gelos de acordo com critérios qualitativos. " Investigação e prática clínica da diabetes 77. 1 (2007): 16-40.

20]   . Liao, Y., Yao, H., Lingley, A., Parvis, B., & Otis, B. (2012). Um Sensor de Glicose CMOS 3uW para Monitorização da Glicose por Rasgo de Lentes de Contacto Sem Fios. IEEE Journal of Solid State Circuits, 47(1), 335-344.

21]   . Ferrante do Amal, Carlos Eduardo, e Bernhard Wolf . "Current de elopment in noninvasive glucosemonitoring". Engenharia Médica & Física 30.5 (2008): 541-549.

22]   Tonyush ina, Ksenia, Nicole H. James. " Medidores de Glicose: Um novo desafio técnico para a obtenção de resultados precisos. " Journal of Diabetes Science and Technology (2009) 971-981.

23]   . Holly, F., & Lemp, M. (1977). Fisiologia das lágrimas e olhos secos. Survey of Ophthalmology, 22(2), 69-87.

24]   Síndrome de Dry Eye Syndrome. (n.d.). Sociedade Norte-Americana de Neuro-Oftalmologia.

25]   Epstein, Ami. "Optimização de Soluções e Propriedades Físicas de Lágrimas Humanas Saudáveis". Contact Lens Spectrum Abril (2010).

26]   Ziegler, G. R., A. L. Benado, e S. S. H. Rizvi. "Determinação da Difusividade de Massa de Açúcares Simples em Água pelo Método do Disco Rotativo". Journal of Food Science 52.2 (1987): 501-502.

27] http://www.who.int/mediacentre/factsheets/fs312/en/

28] Jihun Park et al, "Soft, smart contact lenses with integrations of wireless circuits, glucose sensors, and displays" artigo de investigação sobre CIÊNCIAS APLICADAS E E ENGENHARIA (url: http ://advances. sciencemag. org/ content/4/1 / eaap9841. full)

29] Nicholas M. Farandos et al, "Contact Lens Sensors in Ocular Diagnostics" em Advanced healthcare material, Wiley-VCH.

30] Gabe Bergado, "Google Developing Smart Contact Lenses To Help Diabetics" in popular science, technology (Url: https://www.popsci.com/article/technology/google- developinging-smart-contact-lenses-help-diabetics).

I want morebooks!

Buy your books fast and straightforward online - at one of world's fastest growing online book stores! Environmentally sound due to Print-on-Demand technologies.

Buy your books online at
www.morebooks.shop

Compre os seus livros mais rápido e diretamente na internet, em uma das livrarias on-line com o maior crescimento no mundo! Produção que protege o meio ambiente através das tecnologias de impressão sob demanda.

Compre os seus livros on-line em
www.morebooks.shop

info@omniscriptum.com
www.omniscriptum.com

OMNIScriptum

Printed by Books on Demand GmbH, Norderstedt / Germany